Rosemarie Straub

Kreativ mit Encaustic

Grundlagen und Anwendungsbeispiele

frechverlag

Fotos: frechverlag GmbH + Co. Druck KG, 70499 Stuttgart;
Fotostudio Ullrich & Co., Renningen

Auflage: 5. 4. 3. Letzte Zahlen
Jahr: 1999 98 97 maßgebend

ISBN 3-7724-1996-8 · Best.-Nr. 1996
Druck: frechverlag GmbH + Co. Druck KG, 70499 Stuttgart

Wachsmalerei oder Encaustic ist eine neue kreative Form einer alten, wiederentdeckten Technik.

Schon die alten Ägypter und Griechen verflüssigten in Wachs gebundene Farbpartikel und brachten sie auf Stein, Holz und Elfenbein auf.

Malereien dieser Art haben die Jahrtausende überstanden, ohne ihre Intensität und Leuchtkraft einzubüßen.

Die heutige Zeit ermöglicht uns durch völlig andere Hilfsmittel, diese alte Technik für uns wiederzuentdecken und abzuwandeln. Mit einfachen Mitteln entstehen faszinierende Bilder, die einen außergewöhnlichen Glanz mit großer Tiefenwirkung besitzen. Diese beruht darauf, daß das Licht nicht an der Oberfläche reflektiert wird, sondern in die Wachsschicht eindringt.

Aber immer, wenn ich die sehr schöne, aber für viele noch neue Technik vorgeführt habe, kam bei den Zuschauern die Frage auf: „Und was kann man außer Bildern und Karten noch alles damit gestalten?" Am Anfang konnte ich diese Frage auch nicht beantworten, aber je mehr ich mich mit der Technik vertraut gemacht habe, desto mehr Möglichkeiten taten sich für die Anwendung dieser neuen Maltechnik auf.

Die Grundtechniken und vielfältigen Anwendungsmöglichkeiten der Encaustic habe ich in diesem Buch zusammengetragen und ich hoffe, Sie haben genauso viel Spaß beim Arbeiten mit dieser Technik wie ich.

Ihre Rosemarie Straub

Beschreibung der Technik

Encaustic painting ist das Erlebnis, in leuchtenden Farben und Farbmischungen geheimnisvolle Strukturen und Bilder zu erkennen. Mit speziell dafür entwickelten Hilfsmitteln werden die brillanten Bienenwachsfarben flüssig gemacht und auf einem stark verdichteten Karton vermalt. Die Technik eignet sich auch zu Therapiezwecken, da Kinder oder Behinderte schon nach wenigen Grundübungen zu Erfolgserlebnissen gelangen und sich dabei entspannen. Die leuchtenden Farben und Effekte regen die Phantasie an und fördern die Kreativität. Positiv wirkt sich dies auch auf das Selbstvertrauen aus. Jeder, der auch nur ein bißchen künstlerisch begabt ist, kann Ergebnisse erzielen, die andere in Erstaunen versetzen. Eine neue, sinnliche Dimension erhält das Malen durch beduftete Wachsfarben. Die beim Malen freiwerdenden Aromastoffe machen Encaustic painting zur meditativen Erlebnismalerei für groß und klein. Durch Anwendung der Encaustic auf Materialien, die bisher nicht typisch für diese Technik waren, ergibt sich ein breites Spektrum vielfältigster Möglichkeiten.

Grundausstattung

Die Farben

Die Encaustic-Malerei wird mit Wachsfarben durchgeführt. Fein vermahlene Farbpigmente werden mit reinem Bienenwachs gebunden. Die Farben enthalten über 80% Bienenwachs, das vor der Verarbeitung über Aktivkohle gereinigt wird. Diese Wachs-Pigment-Mischung hat ein spezielles Fließverhalten, beim Arbeiten treten keine Luftblasen auf, die das optische Aussehen stören könnten. Die Farbpigmente sind ungiftig, lichtecht und hitzebeständig. Ihre Leuchtkraft und die angebotene Farbenvielfalt faszinieren jeden, der mit der Wachsmalerei beginnt. Encaustic-Farben gibt es in vielen verschiedenen Standardfarbtönen und Sonderfarben, die alle miteinander mischbar sind. Sie benötigen keine zusätzliche Fixierung, sie werden nach dem Auskühlen lediglich mit einem weichen Lappen oder einem Küchentuch poliert. Da aber Bienenwachs bereits bei einer Temperatur von 64°C schmilzt, besitzen die Encaustic-Farben keine große Wärmebeständigkeit und Abriebfestigkeit. Ein Ergebnis meiner zahlreichen Experimente ist, daß sich diese beiden Parameter wesentlich erhöhen lassen, wenn die Oberfläche zusätzlich mit einem **Acrylmattlack-Spray** versiegelt wird. Je öfter das Spray aufgetragen wird, desto fester wird die Oberfläche, und um so wärmebeständiger wird die Wachsschicht. Im Normalfall reicht ein ein- bis zweimaliger Auftrag des Sprays.

Das Papier

Üblicherweise wird die Wachsmalerei auf Malkarton, einem speziell verdichteten Papier mit glatter Oberfläche, durchgeführt. Auf ihm lassen sich die flüssigen Farben regelrecht hin-und herschieben, ohne daß sie in das Papier eindringen. Das Papier ist in verschiedenen Größen und Abpackungen erhältlich: Größen: A6 - A2, in 10- bis 100-Blatt-Packungen.

Der Arbeitsplatz

Bevor Sie mit Ihrer Arbeit beginnen, müssen Sie Ihren Arbeitsplatz vorbereiten. Am besten ist es, Sie decken ihn erst einmal mit einer dicken Lage Zeitungspapier in der Größe A3 ab. Durch dieses Polster erzielen Sie eine ausreichende Elastizität zwischen Untergrund, Malkarte und Maleisen. Befestigen Sie das Ganze mit Klebeband an Ihrem Arbeitstisch. Darüber können Sie auch noch einen großen Bogen Pack-oder Tonpapier der Größe A1 oder A2 legen. Dieses wird ebenfalls mit Klebeband befestigt. Darauf kommt noch eine Lage Haushaltstuch oder sauberes, unbedrucktes Papier in der Größe A4, das zwischendurch immer wieder ausgewechselt werden kann. Legen Sie sich eine Rolle saugfähige Küchentücher zurecht, mit denen das Maleisen bei Bedarf gereinigt wird. Außerdem benötigen Sie Haushaltstücher zum Polieren Ihrer Bilder. Falls erforderlich, müssen Sie noch eine Verlängerungsschnur zu Ihrer Steckdose legen.

Die Arbeitsgeräte

Das Encaustic-Maleisen

Das Encaustic-Maleisen ist ein speziell für diese Technik entwickeltes Gerät, das wie ein kleines Bügeleisen aussieht. Es hält die Fließtemperatur für die Wachsfarben konstant. Es ist leicht, und seine handliche Form ermöglicht auch Kindern und Behinderten ein problemloses Arbeiten. Mit seiner Sohle, der Spitze und den Kanten können bestimmte Effekte beim Aufbau und der Vollendung eines Bildes erzielt werden. Das Maleisen ist speziell abgedichtet, so daß kein flüssiges Wachs eindringen kann. Wäre dies nicht der Fall, könnte es zu einem Kurzschluß kommen: Achten Sie deshalb darauf, daß Sie die Geräteschnur nach Beendigung Ihrer Malarbeit nicht fest um das Maleisen wickeln, es könnte dadurch zu einem Kabelbruch direkt am Maleisen kommen.

Bitte kein herkömmliches Bügeleisen verwenden !

Der Encaustic-Pen

Der Encaustic-Pen ist ein beheiztes Zeichengerät, das standardmäßig mit zwei auswechselbaren Spitzen ausgerüstet ist. Er wurde speziell für das Betreiben einer fortgeschrittenen Encaustic-Malerei entwickelt. Seine Grundausstattung besteht aus einer Zeichenspitze, mit der feine Linien gezogen werden können, sowie aus einem Heißpinsel. Zusätzlich können auch noch verschieden geformte Aufsätze aufgeschraubt werden. Alle Teile werden elektrisch beheizt, so daß die Encausticfarben flüssig gemacht und verarbeitet werden können.

Die Encaustic-Malplatte

Auf eine elektrisch beheizte Encaustic-Malplatte werden die Wachsfarben direkt aufgetragen und verflüssigt.
Man kann so Monotypien (Abdrucke) herstellen oder das Papier erwärmen und mit den Encaustic-Farbstiften direkt darauf zeichnen.

Das Schabewerkzeug

Das Schabewerkzeug ist ein messerähnlicher Gegenstand mit stumpfer Klinge.
Mit ihm können gezielt Farben vom Maluntergrund entfernt werden.

Das Polieren

Der ganze Zauber der Encaustic entfaltet sich erst richtig nach dem Polieren Ihrer Kunstwerke.
Falten Sie dazu ein Küchentuch zweimal zusammen, und polieren Sie Ihr Bild damit in einer Richtung.

Achtung: Küchentuch nicht zusammenknüllen und wahllos darüberreiben, Sie können so die Wirkung Ihres Bildes zerstören.

Die Encausticwachsfarben müssen vor dem Polieren natürlich richtig ausgekühlt sein.

Einrahmen und Fixieren

Da die Wachsschicht Ihrer Bilder wärmeempfindlich und nicht sehr kratzfest ist, müssen Sie beim Einrahmen darauf achten, daß die Glasplatte eines Bilderrahmens nicht direkt auf der Bildoberfläche liegt. Das können Sie verhindern, indem Sie ein 2 bis 3 mm starkes Passepartout verwenden. Ich fixiere meine Bilder zusätzlich mit einer Schutzschicht aus farblosem Acrylmattlack-Spray. Dadurch härtet das Encausticwachs aus und ist auch nicht mehr wärmeempfindlich.

Das müssen Sie noch beachten:

Während des Malens müssen alle beheizten Malwerkzeuge unbedingt beaufsichtigt werden.
Legen Sie sie auf einer feuerfesten Unterlage ab.
Reinigen Sie Ihr Maleisen zwischendurch sowie nach Beendigung des Malens gründlich mit Haushaltstüchern.
Besonders wichtig sind die Seiten und die hintere Kante, da sich dort das flüssige Wachs ansammelt und beim Arbeiten heruntertropfen kann.

1. Die Grundtechniken der Encaustic

Das Malen mit dem Maleisen auf Malkarton

Bevor Sie mit den ersten Malübungen beginnen, müssen Sie zunächst die richtige Temperatur einstellen. Drehen Sie den Temperaturregelknopf Ihres Maleisens auf den Bereich zwischen zwei und drei.

Nehmen Sie Ihr Maleisen in Betrieb, halten Sie es beim Wachsauftrag immer waagerecht mit der Maleisensohle nach oben, und tragen Sie etwas Wachs auf der Sohle auf. Das Wachs muß eine zähflüssige, ölige Konsistenz haben und langsam an der Maleisensohle herablaufen. Ist seine Konsistenz zu wäßrig, fängt es an zu kochen: das Eisen ist zu heiß. Schmilzt es nicht richtig und bleibt zäh, müssen Sie das Maleisen höher einstellen.

Arbeiten mit der Maleisensohle

Die Gestaltung glatter Flächen

Verwenden Sie anfangs zum Üben immer die kleinste Malkartengröße (A 6).

Tragen Sie zwei bis drei Farben auf der **linken Seite** der Maleisenfläche auf. Das gilt für Rechtshänder, Linkshänder müssen das Wachs immer auf der **entgegengesetzten** Seite auftragen, sonst kommen sie zu keinem Ergebnis.

Setzen Sie das Maleisen auf dem Malkarton auf, und gleiten Sie waagerecht ohne Druck auszuüben über die Malkarte. Je gleichmäßiger Sie Ihr Maleisen über die Oberfläche führen, um so besser wird Ihr Farbverlauf.
Verwenden Sie nicht genügend Wachs, bilden sich freie Stellen und Schlieren. Sie müssen die Übung wiederholen und daran denken, daß Ihr Ergebnis besser wird, wenn von Anfang an nicht so sparsam mit dem Wachs umgegangen wird. Beachten Sie aber auch, daß der Effekt um so besser gelingt, je weniger Druck Sie auf das Maleisen ausüben.
Nehmen Sie sich eine neue Malkarte, tragen Sie erneut Wachs auf, und gleiten bzw. schwingen Sie waagerecht auf Ihrer Malkarte hin und her. Heben Sie das Maleisen während des Arbeitens nicht hoch, das ergibt einen anderen Effekt.

Üben Sie so lange, bis sich das Ergebnis mit Bild 1 oben auf Seite 9 vergleichen läßt.

1

2

3

4

5

6

Zusätzlicher Wachsauftrag

Bei bestimmten Gestaltungsvarianten, z. B. beim Vordergrund einer Landschaft, trage ich zusätzlich noch andersfarbiges Wachs auf. Dazu werden zwei bis drei dunklere Farben im vorderen Bereich der Maleisensohle aufgebracht. Bei diesem zusätzlichen Wachsauftrag bearbeite ich nicht die liegende Malkarte, sondern ich nehme sie in die Hand, trage das Wachs im Vordergrund auf und „streiche" das an der Maleisensohle herunterlaufende Wachs regelrecht an der Kante der Malkarte ab. Vergleichen Sie Ihr Ergebnis mit Bild 2 auf Seite 9.
Sie können das Wachs natürlich auch auf der liegenden Malkarte auftragen, das Ergebnis sieht dann wie Bild 3 auf Seite 9 aus.

Strukturierung

Sind Ihnen diese Grundübungen gelungen, können Sie Ihre ersten Malkarten weiter gestalten. Setzen Sie Ihr Maleisen ohne weiteren Farbauftrag auf die bereits gestaltete Malkarte, und ziehen Sie es schnell wieder nach oben. Bei diesem Vorgang schmilzt das vorhandene Wachs, und es bilden sich in Abhängigkeit von der vorhandenen Wachsmenge, der Abzugsrichtung und -geschwindigkeit unterschiedlich stark ausgebildete Strukturen. Je größer die Wachsmenge auf der Malkarte ist, desto größere Strukturen bilden sich aus. Je weniger Wachs vorhanden ist, desto feiner werden die Strukturen. Vergleichen Sie Ihr Ergebnis mit Bild 4 auf Seite 9.

Arbeiten mit der Maleisenkante

Wenn Sie die Maleisenkante durch die bereits aufgetragenen Wachsfarben ziehen, erhalten Sie schmale Linien, die – je nachdem wie lang und dick sie ausfallen – an Landschaften mit unterschiedlichsten Arten von Vegetation erinnern. Die Linien können gerade oder geschwungen sein, seitliches Abgleiten ergibt breitere Linien. Man kann sie fächerförmig aneinander reihen oder zusätzlich andersfarbiges Wachs auf der Maleisenkante auftragen, dadurch ergeben sich andersfarbige Linien. Bild 5 auf Seite 9 zeigt das Arbeiten mit der Kante und das Auffächern von Linien.

Arbeiten mit der Maleisenspitze

Feine Details können mit der Spitze des Maleisens herausgearbeitet werden. Halten Sie dazu das Eisen beim Arbeiten senkrecht, und klemmen Sie die Schnur zwischen Griff und Daumen ein. So stört sie beim Arbeiten nicht. Nun können Sie mit einer schwingenden Bewegung, die aus dem Handgelenk kommt, feine Pünktchen auf bereits mit Wachs gestalteten Flächen anlegen. Je lockerer Sie arbeiten, desto feiner werden die Punkte.
Mit zusätzlichem Wachsauftrag können noch Farbeffekte gesetzt werden. Dazu tragen Sie entweder eine kleine Wachsmenge im vorderen Sohlenbereich auf, die dann beim Arbeiten langsam nach unten läuft und verbraucht wird, oder Sie tupfen mit der Maleisenspitze direkt in

den Wachsstift und können so andersfarbige Punkte setzen und Striche ziehen. Beim Aufsetzen der Spitze ergibt sich zunächst ein kleines Pünktchen, das durch eine ruckartige Bewegung zu einem auslaufenden Strich wird. So können Sie z.B. auch Vögel in Landschaften setzen: Maleisen aufsetzen, mit einem Ruck nach rechts ziehen, wieder aufsetzen und mit einem Ruck nach links ziehen. Vergleichen Sie Ihr Ergebnis mit Bild 6 auf Seite 9.

Arbeiten mit dem Schabewerkzeug

Mit Hilfe des Schabewerkzeugs ist es möglich, die bereits aufgetragenen Wachsfarben zwecks Bildgestaltung wieder herauszukratzen. Normalerweise werden nur bestimmte Details wie z. B. ein Weg in der Landschaft aus der Wachsmalerei herausgekratzt.

Die Abbildung zeigt ein anderes Beispiel:
Zuerst wurde die gesamte Fläche der Malkarte mit einer hellen Encausticfarbe, in diesem Fall war es Rot, grundiert. Mit dem Maleisen wurde unter Druckausübung noch ein zweites Mal darübergestrichen.
So bleibt nur noch eine Papierfärbung und keine dicke Wachsschicht auf der Malkarte. Danach wird noch eine zweite Farbe, in diesem Fall Dunkelblau, flächig aufgetragen.
Nun können Sie ein beliebiges Motiv mit Hilfe von Pergamentpapier auf Ihre Malkarte übertragen.
Anschließend das vorgezeichnete Motiv mit dem Schabewerkzeug herauskratzen.

Landschaft

Beginnen Sie Ihre Landschaft immer zuerst mit dem Himmel. Tragen Sie die Grundfarben für den Himmel, also Weiß, Hellblau und Rosa, im rechten Bereich Ihrer Maleisensohle auf. Beachten Sie, daß auch die helleren Farben einen relativ hohen Pigmentanteil besitzen, also im Verhältnis zum Weiß relativ sparsam aufgetragen werden müssen.

Legen Sie sich zum Arbeiten eine neue Malkarte im Hochformat auf Ihren Arbeitsplatz, und gleiten Sie nun mit Ihrem Maleisen über den rechten Bereich Ihrer Malkarte.

Versuchen Sie anfangs einen möglichst gleichmäßigen Farbauftrag ohne Struktur und Absätze zu erzielen. Vergleichen Sie Ihr Ergebnis mit Bild 1 auf Seite 13.
Ist der Himmel fertig, beginnen wir mit der Gestaltung des Mittelgrundes. Wählen Sie zwei bis drei Farben, z. B. Braun, Rot und Orange, aus. Tragen Sie die Farben im linken Bereich Ihres Maleisens auf. Die Farbe, die direkt an der linken Kante des Maleisens aufgetragen wird, erscheint im Mittelgrund Ihrer Landschaft als oberste, sie bildet den Abschluß der Hügelkette.
Gleiten und schwingen Sie waagerecht über den mittleren Bereich Ihrer Malkarte, und legen Sie so Ihre Landschaft an.
Die oben bereits aufgebrachten hellen Himmelfarben vermischen sich jetzt mit den dunklen Farben, so daß der hintere Landschaftsbereich (Hügel) heller und der vordere Bereich dunkler wird. Vergleichen Sie Ihr Ergebnis mit Bild 2 auf Seite 13.
Für den Vordergrund wird jetzt wie auf Seite 10 beschrieben noch zusätzlich ein andersfarbiges Wachs aufgetragen. Danach können Sie Steine, Bäume, Sträucher und Blumen mit der Maleisenspitze und -kante gestalten.

Grüne Höhle

Die Gestaltung der Höhle beginnt mit dem Mittelgrund, wie aus Bild 5 auf Seite 13 ersichtlich. Zwei bis drei helle Farben, hier Weiß, Gelb und Perlmuttgrün, werden erst waagerecht und dann noch einmal in der Mitte ansetzend senkrecht nach unten gezogen.
So entsteht eine Horizontlinie, die im Bild Weite ausdrückt.

Danach erzeugen wir eine Art „Durchblick": tragen Sie zwei bis drei dunkle Farben ringsherum wie bei der sonst üblichen Vordergrundgestaltung auf. Ich benutzte Rot, Blaugrün und Perlmuttblau, das in Kombination mit Blaugrün eine sehr interessante Farbe ergibt.
Die weitere Gestaltung mit Steinen, Pflanzen und Gräsern erfolgte analog der Landschaft, auch von oben herunterhängende Pflanzen kommen vor. Vergleichen Sie Ihr Ergebnis mit Bild 6 auf Seite 13.

1

2

3

4

5

6

2. Gestaltungsmöglichkeiten mit dem Encaustic-Pen

Die Zeichenspitze

Mit Hilfe der elektrisch beheizten Zeichenspitze können feine Linien wie mit einer Feder gezogen werden. Man kann mit oder ohne zusätzlichen Wachsauftrag arbeiten. Ohne Encausticwachs ergeben sich feine Linien, wie man sie beim Arbeiten mit dem Schabegerät auch erzielen kann. Taucht man die Zeichenspitze in einen beliebigen Encausticwachsstift, fängt das Wachs an zu schmelzen, und der Spalt der Spitze füllt sich mit dem flüssigen Wachs. Man ist so in der Lage, ausdauernde andersfarbige Linien aufzusetzen. Bild 1 auf Seite 15 zeigt den zusätzlichen Wachsauftrag mit der Zeichenspitze in Form von Linien und Punkten.

Der Heißpinsel

Malerische Effekte lassen sich mit dem Heißpinsel erzielen. Er hat relativ weiche Borsten, die aus Elektrolytkupfer bestehen und somit eine gute Wärmeleitung garantieren. Das Wachs wird an den Metallborsten geschmolzen und kann damit vermalt werden. Da es sehr schnell auskühlt, können die Encausticfarben mit dem Heißpinsel auch schichtweise aufgetragen und regelrecht aufmodelliert werden. Das Bild erhält so mehr Tiefenwirkung. Die Blütenstände vom Bild 2 auf Seite 15 wurden durch Auftupfen von Wachs auf einer vorher grundierten Malkarte angelegt. Feinheiten arbeitet man ohne zusätzlichen Wachsauftrag aus. Es kann aber auch noch eine Gestaltung mit dem Maleisen erfolgen, der Phantasie sind keine Grenzen gesetzt.

Die zusätzlichen Aufsätze

Die unterschiedliche Form der Aufsätze ermöglicht die verschiedenartigsten Formgebungen und Strukturierungen. Das Encausticwachs wird ganzflächig aufgebracht und kann auf die Malkarten gestempelt werden, oder man gleitet über den Karton und erhält so vielfältige Musterungen. Bild 1, 3 und 4 auf Seite 15 zeigen die Anwendung der verschieden geformten kleinen Pen-Aufsätze.

Der Trick mit dem Dreh

Bild 1 auf Seite 17 zeigt eine mehrfarbige Grundierung, die die Grundlage für die Gestaltungsmöglichkeiten im Bild 2 bis 6 auf dieser Seite bildet. Nachdem der Aufsatz auf der Malkarte aufgesetzt wurde, kann diese unter ihm hindurchgedreht werden. Durch die Ausführung von nacheinanderfolgenden ganzen Drehungen wandert der Aufsatz des Encaustic-Pen über die Malkarte und erzeugt so phantastische Musterungen wie auf Bild 2, 4 und 5 . Setzt man die Kante auf, schwingt mit ihr hin und her und dreht dann die Malkarte, ergeben sich Effekte wie in Bild 3 auf Seite 17. Es bilden sich Drehpunkte, die sich langsam verschieben, so daß sich die Strukturen übereinander anordnen und ein dreidimensionaler Eindruck entsteht. Bild 6 auf Seite 17 wurde mit dem hin- und herschwingenden Heißpinsel auf der sich langsam drehenden Malkarte gemalt.

1
2
3
4

3. Das Arbeiten mit der Encaustic-Malplatte

Es gibt professionelle Encaustic-Malplatten ab einer Größe im Format A4, die elektrisch beheizt werden und stufenlos regelbar sind. Ich hatte in meinen Beständen noch eine alte Fotopresse, die zwar nicht zu regeln ist, deren Temperatur aber gerade für das Schmelzen der Encausticwachsfarben ausreichend ist. Wenn Ihnen beides nicht zur Verfügung steht, können Sie auch Ihr Maleisen verwenden. Nehmen Sie den Griff Ihres Maleisens ab, und schieben Sie ihn mit der offenen Seite in Richtung Geräteschnur auf das Oberteil des Maleisens. Drehen Sie das Eisen mit der Maleisensohle nach oben, und stellen Sie es auf den Griff. Sie erhalten so eine kleine Malplatte, auf der Sie einige Grundübungen durchführen können. Wenn Sie eine Malkarte auflegen, wird diese erwärmt, und Sie können mit den Encausticwachsstiften direkt darauf zeichnen. Die Abbildung auf dieser Seite zeigt ein Beispiel für diese Technik.

Eine weitere und noch interessantere Möglichkeit des Arbeitens mit der Malplatte ergibt sich, wenn Sie verschiedenfarbiges Wachs direkt auf Ihre Malplatte auftragen und dann mit dem Malkarton abziehen. Es entstehen Wachsmonotypien, die sehr interessant sind.
Sie können aber auch mit dem Maleisen und mit den verschieden geformten Aufsätzen des Encaustic-Pen stempeln. Dazu werden auf die Sohle des Maleisens Musterungen, Schriftzeichen oder geometrische Figuren mit dem Wachsstift aufgetragen, das Wachs verflüssigt sich, bleibt aber als Bild bestehen und wird direkt auf den Untergrund gestempelt.

1

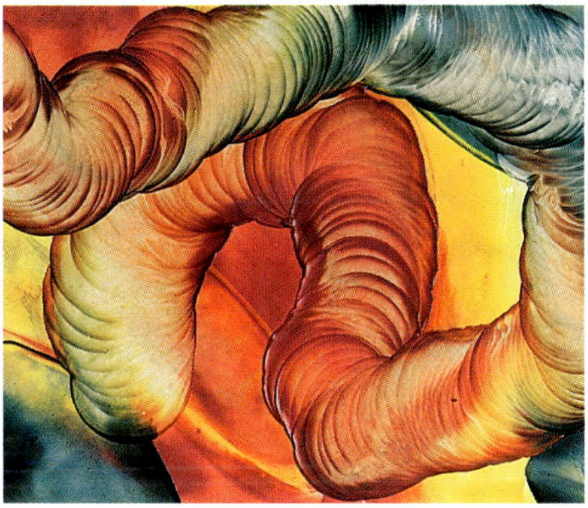

2

3

4

5

6

Anwendungsbeispiele

Bereits fertig gestaltete Malkarten mit unterschiedlichsten Motiven können zu den vielfältigsten Objekten weiterverarbeitet werden.
Zu diesem Zweck kann man zusätzlich mit einem Textilglitterliner in Gold, Silber oder anderen Farben, der direkt aus der Tube aufgetragen wird, verzieren. Außerdem können beim Malen entstandene reliefartige Erhöhungen mit einem feinen Goldpulver, wie es für Fimoarbeiten verwendet wird, hervorgehoben werden.

Broschen

Die mit Glitterliner verzierte Malkarte wird mit Mattlack versiegelt, formgerecht zugeschnitten und unter die Glasscheibe einer Glasmalbrosche gelegt. Wählen Sie aber zuvor mit Ihrem Broschenrahmen einen geeigneten Ausschnitt aus.

Spanschachteln

Schneiden Sie die gestaltete Malkarte passend zur der Deckelgröße Ihrer Spanschachtel zu, und kleben Sie sie ganzflächig mit Bastelkleber auf. Passend zur Farbe des Deckels werden nun Deckel- und Schachtelrand mit einer matten Acrylfarbe (z.B. Decormatt) gestaltet. Zusätzlich können Sie jetzt noch mit Glitterliner Konturen ziehen und den Rand verzieren.

Karten und Passepartoutkarten

Wie bei der Gestaltung von Broschen muß mit dem Passepartout zunächst eine geeignete Stelle aus einem Bild oder einer flächigen Gestaltung ausgewählt werden. Danach grob zuschneiden und mit Bastelkleber auf das Gegenblatt aufkleben. Anschließend wird dieses Blatt nur noch in die Karte eingepaßt.
Sehr gut zur Gestaltung eignen sich auch farblich passende Passepartoutkarten.

Sonstige Karten

Für die unterschiedlichsten Anlässe können aber auch verschiedene Formen aus den Malkarten ausgeschnitten und mit Bastelkleber aufgeklebt werden. Zusätzlich wird mit Glitterliner oder Goldpuder verziert. Eine Beschriftung kann mit Goldstift erfolgen. In meinem Beispiel habe ich fünf Ostereier ausgeschnitten und auf der Karte angeordnet. Eine Gestaltung der Karten mit Kerzenmotiven, Kugeln oder einem Weihnachtsbaum ist ebenso möglich.

Teilbare Kugeln oder Eier

Zum Einarbeiten in teilbare Kugeln oder Eier eignen sich Landschaftsbilder besonders gut.
Die Bilder erhalten durch die gewölbte Form eine interessante Plastizität.
Nehmen Sie die etwas kleinere Hälfte Ihrer Kugel oder Ihres Eies als Grundform. Schneiden Sie diese zweimal zu, und kleben Sie beide-Formen mit der Rückseite ganz-

flächig mit Bastelkleber zusammen. Die Fläche muß eine Weile unter einem Buch gepreßt werden. Danach an der Aufhängung und unten am Ei oder der Kugel einen kleinen Tupfer Klebstoff aufbringen, das Bild gerade einlegen und die Form schließen.

Encaustic-Experimente auf unterschiedlichen Materialien

1. Malen auf Papier von Illustrierten oder Katalogen

Beim Durchblättern von Katalogen und Illustrierten fiel mit auf, daß sie meistens auf stark verdichtetem, glattem Papier gedruckt werden. Ich wählte Seiten aus, die viele weiße Flächen aufwiesen, nur hell oder mit graphischen Darstellungen bedruckt waren, und fing an zu experimentieren. Die Encausticfarben müssen auf den bereits gestalteten Flächen etwas dünner aufgetragen werden und wirken dann transparenter. Unter Einbeziehung von vorhandenen Fotos und Schriftzügen lassen sich mit dem Maleisen sehr interessante Bilder gestalten, die sich besonders gut zur Weiterverarbeitung als Collage eignen. Die Abbildung auf Seite 21 zeigt eine Collage, für die zwei verschiedene Bilder zu einem zusammengesetzt wurden. Hellere Stellen innerhalb der Fotos werden durch die aufgetragenen Encausticwachsfarben mitgestaltet, so daß eine Einheit zwischen vorhandenem Bild und Encausticmalerei entsteht.
Die Farbwirkung wird noch durch den gelben Wellpappeuntergrund unterstützt.

R. Straub 95

2. Malen auf Kapa und Kapa-fix

Kapa ist ein Plattenmaterial von 1 bis 10 mm Stärke, das eigentlich in der Werbung zum Einsatz kommt. Es ist leicht, läßt sich problemlos mit einem Cutter schneiden, und seine glatte weiße Oberfläche läßt sich gut mit Encaustic bemalen (Bezugsquellen siehe Seite 48).

Kapa-fix hat eine beidseitig selbstklebende Oberfläche, die auf einer Seite mit einem weißen Schutzpapier überzogen ist, dessen Oberfläche sich auch mit Hilfe der Wachsmalerei gestalten läßt.

Beide Materialien eignen sich aufgrund ihrer leichten Verarbeitbarkeit gut als Collageuntergrund oder auch zum Aufziehen von Seidenmalereien (siehe Seite 38 ff). Bei Verwendung von Kapa-fix als Collageuntergrund kann auch nach der Grundgestaltung mit Encaustic-Farben ein Teil des Schutzpapiers entfernt und die so entstandene selbstklebende Fläche zum Aufbringen der zusätzlichen Collagematerialien benutzt werden.

Seite 23 zeigt zwei Collagen auf diesem interessanten Material.

Der 5 mm starke Collageuntergrund wurde in hellen Farbtönen mit Encausticmalerei gestaltet.
Ich verwandte vorwiegend Perlmutttöne, die eine geheimnisvolle Farbwirkung ergeben.
Anschließend wurde die Oberfläche mit Acrylmattspray versiegelt. Danach kann die Collage mit Seidenresten, den verschiedensten Naturmaterialien, Seidenblumen usw. gestaltet werden.
Die Materialien werden mit Hilfe einer Klebepistole am Holzrahmen oder Untergrund befestigt.

Bilder wie in Öl gemalt

Verwenden Sie als Maluntergrund eine Leinenmalpappe, die üblicherweise für das Malen mit Öl-, Acryl- und Temperafarben bestimmt ist. Sie besteht aus einer festen Pappe, die mit Leinwand bespannt und bereits weiß grundiert ist.
Wählen Sie für den Anfang eine nicht zu große Größe aus, denn je größer das Format ist, desto schwieriger wird es.
Meine erste Malpappe war 18 x 24 cm groß, diese Größe läßt sich auch von weniger Geübten gut gestalten.
Legen Sie die Malpappe im Hochformat vor sich auf den Arbeitsplatz. Wir beginnen mit der Gestaltung des Himmels. Tragen Sie die Himmelfarben Weiß, Rosa, Hellblau und evtl. noch etwas Violett wie gewohnt auf das Maleisen auf. Beachten Sie, daß Sie eine relativ große Fläche auf einmal, also ohne abzusetzen, gestalten müssen.

Viel Farbe verwenden!

Beim ersten Farbauftrag ist es meistens nicht möglich, den Himmel vollständig zu gestalten. Tragen Sie nochmals Farben auf, und gleiten Sie mit dem Maleisen möglichst gleichmäßig über den oberen Bereich Ihrer Malpappe.
Ist der erste Schritt gelungen, können Sie mit der Gestaltung des Mittel- und Vordergrundes beginnen.
Mit drei bis vier Farben wird die Landschaft aufgebaut. Die Encausticfarben wirken auf der Leinenmalpappe heller, sie werden etwas dünner aufgetragen, so daß die schöne Leinenstruktur erhalten bleibt.
Mit allen schon bekannten Mitteln wird die Landschaft weitergestaltet. Das Schabewerkzeug kann zum Freilegen von Flächen benutzt, es können aber auch Wischeffekte erzeugt werden, die sehr interessant wirken. Dazu wird eine Fläche mit der Maleisensohle kurz erwärmt, das flüssig gewordene Wachs wird mit einem Küchentuch herausgewischt.
Zusatzeffekte können mit dem Heißpinsel oder der Zeichenspitze des Encaustic-Pen gesetzt werden.
Ist die Arbeit am Bild beendet, wird es nur noch mit einem Küchentuch poliert und kann glaslos gerahmt werden.
Ich versiegle meine Bilder aber noch zusätzlich mit einem Mattlackspray auf Acrylbasis. So bleibt der beim Polieren erzielte Glanz erhalten, die Farbschicht verfestigt sich und ist gleichzeitig besser gegen Temperatureinflüsse geschützt.

Encaustic auf Glas

Encaustic auf Glas ist auch eine interessante Kombination, die es ermöglicht, Fensterbilder und andere transparente Gestaltungen vorzunehmen.
Auf der Glasscheibe wird wie auf Malkarton oder anderen Materialien gearbeitet. Die Farben dürfen nicht so sparsam eingesetzt werden, sonst fallen entstehende Strukturen zu zart aus. Eine bessere Kontrastwirkung erzielt man, wenn einige Stellen mit dem Maleisen regelrecht wieder freigelegt werden. Nach dem Auskühlen der Farben werden die Strukturen zusätzlich durch Aufreiben von Goldpuder betont.

Achtung:
Nach Beendigung der Wachsmalerei **muß** die bemalte Glasscheibe mit Acrylmattspray versiegelt werden. Ein zwei- bis dreimaliger Auftrag des Sprays ist ratsam, da die Wachsfarben dadurch fest aushärten und sich eine kratzfeste, wärmebeständige Oberfläche bildet.

Das Bild auf Seite 27 zeigt ein Glasbild, das in den Farben Rotviolett, Blaugrün, Blau, Perlmuttweiß, -grün und -blau gemalt wurde. Die Farb- und Strukturwirkung zeigt sich besonders im Gegenlicht.

Encaustic auf Styropor

Encaustic auf Styropor ist eine sinnvolle Art der Farbresteverwertung. Alle noch auf der Maleisensohle befindlichen Farben können mit einer Styroporkugel oder -form regelrecht abgewischt werden. Diese Art der Gestaltung ist zwar etwas langwierig, aber dadurch, daß die Farben, die sonst mit dem Küchentuch abgewischt werden müssen, noch verwendet werden können, ist es doch eine recht interessante Sache. Beim Abwischen der Maleisenfläche ergeben sich auf den Kugeln unterschiedlich große Kreise, und die glatte Styroporoberfläche schmilzt teilweise. Es bilden sich je nach Größe des für die Kugeln verwendeten Styroporgranulats verschieden große, schlangenhautähnliche Oberflächenstrukturen.
Die Kugeloberfläche kann auch direkt mit dem Maleisen gestaltet werden, was schneller geht. Man muß nur darauf achten, daß dabei kein Wachs herunterkleckert.
Zusätzlich kann mit einem trockenen Pinsel oder einfach mit dem Finger feiner Goldpuder aufgetragen und eingerieben werden, der gut an der Wachsoberfläche haftet.
Achten Sie bitte darauf, daß Sie mit der Kugel schnell über die Maleisenfläche wischen, sonst schmilzt das Styropor stark, und sie erhalten eine eckige, unförmige Kugel.

Anschließend kann noch ein dünnes Aufhängeband angebracht werden. Die Kugel läßt sich zusätzlich floristisch noch sehr dekorativ gestalten.

Kerzen ganz festlich

Ähnlich wie die Styroporkugeln können auch Kerzen gestaltet werden. Beginnen Sie am besten mit einer Leuchterkerze.

Tragen Sie passend zur Kerzenfarbe eine größere Menge Encausticwachs auf Ihre Maleisensohle auf. Halten Sie die Kerze im oberen Bereich fest, und drehen Sie den unteren Teil der Kerze schnell über die Sohle Ihres Maleisens.
Wenn die Kerze unten abgekühlt ist, können Sie sie im unteren Bereich festhalten und den oberen Teil darüberrollen. Das muß alles sehr schnell geschehen, denn wenn Sie längere Zeit auf einer Stelle verweilen, schmilzt das Kerzenwachs, sie wird eckig, und bei getauchten Kerzen kann die weiße Grundfarbe hervortreten.

Bei dieser Technik müssen Sie auch besonders aufpassen, daß Sie sich nicht mit dem heißen Wachs bekleckern. Das kann geschehen, wenn Sie noch ungeübt sind und die Kerze nicht schnell genug darüberrollen. Es schmilzt dann sehr viel Kerzenwachs, das zu tropfen beginnt.

Im Anschluß an die Grundgestaltung kann zusätzlich feiner Goldpuder mit dem Pinsel aufgebracht und anschließend mit dem Finger verrieben werden. Dadurch werden alle entstandenen Unebenheiten sichtbar, und die Kerzen erhalten einen edlen Antiklook.

Wenn Sie geübter sind, können Sie natürlich auch mit anderen Kerzenformen experimentieren.

Weitere Gestaltungsmöglichkeiten bieten die verschieden geformten Aufsätze des Encaustic-Pens.
Mit ihnen lassen sich Formen in die Kerzenoberfläche schmelzen. Das wirkt bei Stumpenkerzen, deren weißes Wachs mit einer farbigen Schicht überzogen ist, besonders gut.
Die farbige Wachsschicht wird bis zu der weißen Grundfarbe weggeschmolzen. Dadurch entsteht ein interessantes Relief. Achten Sie darauf, daß Sie sich mit dem flüssigen Wachs nicht bekleckern!

Encaustic und Verzierwachs

Kerzen

Verwenden Sie für diese Art der Gestaltung am besten Stumpenkerzen. Ich kombinierte sie für diese festliche, weihnachtliche Gestaltung mit antik-goldenem Verzierwachs.

Gestalten Sie Ihre Kerze zunächst wie auf dem Foto mit größeren Verzierwachsstücken. Das Verzierwachs ist eine dünne Wachsfolie, die sich auf einem Papieruntergrund befindet, der abgezogen werden muß. Es läßt sich mühelos mit einer alten Schere schneiden oder mit kleinen Formen ausstechen.
Im allgemeinen ist es durchgefärbt, alle Arten von Gold und Silber haben nur auf der Oberfläche eine Zierschicht, die leicht angekratzt werden kann.
Nachdem Sie das erste Stück zugeschnitten und die Papierschicht abgezogen haben, können Sie die Wachsfolie einfach auf die Kerze drücken. Die Handwärme reicht aus, um eine gute Haftung zu erzielen. Die Sterne wurden ausgestochen und ebenfalls auf der Kerze angebracht.

Nun können Sie Ihre Kerze mit dem Maleisen weitergestalten. Benutzen Sie eine dunkle, zur Kerze passende Encausticfarbe, und tragen Sie diese im vorderen Bereich Ihrer Maleisenfläche auf. Tupfen Sie das Wachs auf die freien Flächen der Kerze bis an das Verzierwachs. Achten Sie darauf, daß Sie nicht an die goldene Wachsfolie kommen, sonst beschädigen Sie die Oberfläche.
Im Anschluß daran wird noch Goldpuder aufgerieben und mit kleineren Wachsfolienstücken verziert.

Spanschachteln

Auf den Deckel der Schachteln wurde ganzflächig eine Platte farbiges Verzierwachs aufgebracht, d. h. es wurde paßgenau zugeschnitten, das Schutzpapier abgezogen und gut angedrückt. Das Verzierwachs haftet nur durch die Handwärme. Danach wird die Oberfläche mit dem Maleisen interessant gestaltet. Es ist auch möglich, zusätzlich noch andersfarbiges Encausticwachs aufzutragen.

Anschließend kann die Oberfläche mit Goldpuder gestaltet werden. Noch interessanter wird das Ganze, wenn kleinere goldene Verzierwachsstücken aufgedrückt werden. Deckel- und Schachtelrand werden mit farblich passender matter Acrylfarbe gestaltet.

Karten

Schneiden Sie beliebige Motive, z.B. eine Kerze, einen Weihnachtsbaum oder wie in meinem Beispiel nur ein Dreieck, aus einer bereits fertig gestalteten Encausticmalkarte aus, und kleben Sie das Motiv mit Bastelkleber auf eine Klappkarte. Zusätzlich können noch Sterne aus goldenem Verzierwachs und Goldpuder aufgebracht werden. Ein Schriftzug mit einem Goldstift angelegt, kann der festlichen Karte eine individuelle Note geben.

Collagen

Verwenden Sie als Collagenuntergrund eine Leinenmalpappe der Größe 24 x 30 cm.

Gestalten Sie den gesamten Untergrund mit ein bis zu drei Farben. Für die rechts abgebildete Collage verwandte ich lediglich ein dunkles Grün, das unterschiedlich dick aufgetragen wurde.

Danach wurde mit grünem, rotem und antik-goldenem Verzierwachs weitergestaltet, wobei ich immer die Ursprungsgestaltung, die durch das Maleisen hervorgerufen wurde, als Ausgangspunkt für die weitere plastische Gestaltung nahm. Die Verzierwachsfolien können dabei auch faltig aufgedrückt werden. Ich arbeitete auch noch teilweise mit dem Maleisen, ohne die aufgelegten Wachsstreifen und -flächen wieder einzuebnen.

Zwischendurch können Sie immer mal Goldpuder auftragen, so wird die Plastizität besser sichtbar.

Die abschließende Gestaltung erfolgte mit der Zeichenspitze des Encaustic-Pens. Hiermit können zusätzlich Flächen umrandet und so noch besser herausgehoben werden.

Zum Schluß wird poliert und mit einem Mattlackspray auf Acrylbasis versiegelt.

Encaustic und Glitzersand

Mit dieser Technik lassen sich alle Arten von teilbaren Hohlkörpern oder auch die verschiedensten Styroporformen gestalten.

Aus der Vielzahl der Möglichkeiten wählte ich große Styroporeier für dieses Beispiel aus.
Die Grundform wird zunächst mit einer matten Acrylfarbe (Decormatt) grundiert. Ist diese Farbe getrocknet, trägt man farblich passende Glitzersandfarbe auf und läßt das Ganze trocknen. Die Grundierung erfolgt nur, weil auf ihr die Sandfarbe sparsamer verwendet werden kann und besser deckt.

Die Encausticfarbe wird nur im oberen Bereich des Eies aufgetragen. Man stellt es zur besseren Bearbeitung in ein Glas oder einen Eierbecher. Das Wachs kann an der Maleisensohle geschmolzen und direkt auf das Ei aufgetropft werden. Danach wird es mit dem Maleisen so verstrichen, daß der gesamte obere Bereich mit Wachs überzogen ist. Zwischendurch kann durch Aufreiben von etwas Antikgoldpuder überprüft werden, ob der Wachsauftrag schon ausreichend ist und sich schon genügend interessante Oberflächenstrukturen gebildet haben. Die Feinheiten werden mit der Zeichenspitze des Encaustic-Pen ausgearbeitet. Man kann hierzu ein etwas andersfarbiges Wachs verwenden, was die Sache noch interessanter macht.

Abschließend werden die Styroporeier poliert und mit Acrylmattlackspray versiegelt.

Bilder, Broschen und Spanschachteln

Analog zu den Styroporeiern können auch Bilder, Broschen und Spanschachteln gestaltet werden. Zuerst wird wieder der Untergrund mit einer Mattfarbe grundiert und nach dem Trocknen mit einer farblich passenden Glitzersandfarbe überstrichen. Auf der trockenen Oberfläche kann nun eine Verzierwachsfolie angebracht werden.
Bei der im Beispiel vorgestellten Collage habe ich mit einem Spaltschnitt gearbeitet, d. h. ich habe die Verzierwachsplatte in unregelmäßige Teile zerschnitten und alle Streifen in der gleichen Reihenfolge, aber mit etwas Abstand wieder aneinandergereiht. Dadurch ergeben sich interessante Möglichkeiten der Flächengestaltung.

Anschließend wurde mit dem Maleisen und zusätzlich noch mit dem Encaustic-Pen gearbeitet. Die Strukturen wurden mit Goldpuder betont. Zur besseren Haltbarkeit wird wiederum mit Acrylmattspray versiegelt.

Encaustic und Seide

Stempeltechnik mit dem Maleisen

Auf die Maleisenfläche wird mit einem Wachsstift ein einfaches Muster, z. B. Kreis, Dreieck, Linien oder auch ein Schriftzug aufgebracht. Dieses wird dann direkt auf die Seide gestempelt, wobei das Muster ein- bis zweimal abgedruckt werden kann.
Überschüssiges Encausticwachs muß wie bei der Wachsbatik zwischen zwei Lagen Küchenkrepp so lange ausgebügelt werden, bis auf dem Krepp keine Wachsspuren mehr sichtbar sind. Die Farbpigmente bleiben, wie bei der Seidenmalerei mit Wachsstiften, in der Seide erhalten und sind waschfest, sie haben sogar meinen Test mit einem Vollwaschmittel bei einer Waschtemperatur von 40°C ohne Farbverlust überstanden. In der Regel sollte die Seide aber nur mit einem Feinwaschmittel bei 30°C per Hand gewaschen werden.
Neu ist ein Fixierer, der den Farbauftrag auch in Baumwollstoffen für viele Maschinenwäschen bis 30°C haltbar macht.
Nach der Grundgestaltung der Seide mit dem Encausticwachs wird nur noch mit Seidenmalfarben coloriert und, je nachdem ob es sich um dampf- oder bügelfixierbare Farben handelt, fixiert.
Diese Technik eignet sich gut zur Gestaltung von Krawatten und individuellen Kleidungsstücken.

Das Foto auf Seite 39 zeigt im vorderen Bereich drei Krawatten, die mit Hilfe des Maleisens gestempelt wurden. Die vordere, weiße Krawatte veranschaulicht, daß diese Technik zu attraktiven Ergebnissen führt, die nicht unbedingt koloriert werden müssen.

Stempeltechnik mit dem Encaustic-Pen

Beim Arbeiten mit dem Encaustic-Pen wird das Wachs auf einen der verschieden geformten Aufsätze aufgetragen.
Damit lassen sich reizvolle Muster, die durch die Form des Aufsatzes bestimmt werden, auf die Seide stempeln. Zusätzlich kann noch mit der Zeichenspitze verziert werden.
Überschüssiges Wachs wird zwischen zwei Küchentüchern ausgebügelt.
Danach wird die Seide noch mit bügel- oder dampffixierbarer Seidenmalfarbe farblich passend gestaltet. Die beiden hinteren Krawatten auf Seite 39 zeigen diese Technik.

Monotypietechnik auf Seide

Beim Arbeiten mit der Malplatte oder mit einer Fotopresse (siehe Seite 16) lassen sich auf Seide besonders interessante Effekte erzielen.

Ich benutze eine alte Trockenpresse, auf die nach dem Erwärmen die Encausticwachsfarben direkt aufgetragen werden.
Die Farben schmelzen auf der heißen Malplatte, verdrängen und vermischen sich teilweise, es bilden sich Farbeffekte, die besser gelingen, wenn die Oberfläche an einigen Stellen frei bleibt und nicht ganz so viel Farbe aufgetragen wird.

Legt man ein Stück Seide auf, werden diese Effekte darauf übertragen. Es können ein bis zwei Monotypien (Abdrucke) abgenommen werden. Jedesmal entsteht ein Unikat. Am interessantesten wird die Monotypie auf einer dicken Satinseide, alle Strukturen werden auf ihrer Oberfläche abgebildet und nicht vom Gewebe gänzlich aufgesogen, so daß sie verschwinden.
Es können auch Bilder auf die Malplatte gemalt und Übertragen werden. Nach dem Übertragen der Monotypie wird überschüssiges Wachs wiederum zwischen zwei Lagen Küchentuch ausgebügelt. Man kann diese Strukturen aber auch noch vor dem Ausbügeln ein zweites Mal z. B. auf ein Tuch oder einen Schal abbügeln, sie werden dann eben nicht so intensiv. Damit ergibt sich eine sehr kreative, interessante Art der Gestaltung für Seide.

Das Bild auf Seite 41 zeigt verschiedene Anwendungsmöglichkeiten für diese Technik.
Die entstandenen Monotypien können zu Broschen, Bildern und Passepartoutkarten weiterverarbeitet werden.
Es können aber auch Seidenschals und -tücher damit gestaltet werden, die anschließend nur noch koloriert werden müssen.

Monotypietechnik: Weste

Die Gestaltung der abgebildeten Westen erfolgte ebenfalls mit Hilfe der Malplatte.

Drei bis vier Farben werden dazu aufgetragen und als Monotypien abgenommen. Sie können damit nur eine Rückengestaltung vornehmen oder auch die gesamte Weste farblich mit Encausticwachsfarben gestalten. Dazu müssen die Farben immer wieder neu auf die Malplatte aufgetragen und mit der Seide abgenommen werden.
Ich habe aus den auf Seite 40 genannten Gründen Satinwesten ausgewählt, die ich ganzflächig mit Encausticwachsfarben gestaltet habe. Eine Kolorierung mit Seidenmalfarben war nicht mehr erforderlich.

Die Abbügeltechnik auf Seide

Haben Sie bei Ihren Vorübungen zur Encaustic auf Malkarton sehr fleißig gearbeitet, so besitzen Sie sicherlich einen gewaltigen Vorrat an gestalteten Malkarten, die nicht zu Bildern, Karten, Broschen und ähnlichem verarbeitet werden können.

Nehmen Sie sich ein Stück Seide, legen Sie eine bereits gestaltete Malkarte mit der Rückseite nach oben darauf, und bügeln Sie einfach langsam darüber. Die Encausticwachsfarben beginnen auf der Vorderseite zu schmelzen, und Ihr Bild wird so direkt auf die Seide übertragen.

Auf diese Art und Weise lassen sich Bilder, Krawatten, Schals und Tücher, Lampenschirme und sogar Baumwoll-T-Shirts gestalten.

Beim Arbeiten finden Sie sicherlich noch weitere interessante Anwendungsmöglichkeiten. Das Foto auf Seite 45 zeigt die Anwendung der Abbügeltechnik auf Seidenschals, Bildern und Krawatten. Dabei bietet es sich auch an, den Schal oder die Krawatte ohne zusätzliche Farbgestaltung mit Seidenmalfarbe zu tragen. Die drei vorn abgebildeten Krawatten wurden lediglich noch mit einer helleren Seidenmalfarbe koloriert.
Bitte beachten Sie bei Ihrer Arbeit, daß überschüssiges Encausticwachs immer zwischen zwei Küchentüchern ausgebügelt werden muß.

Abbügeltechnik mit Monotypien für Krawatten und Schals

Bei meinen vielfältigen Versuchen mit der Malplatte verwandte ich auch grundiertes Öl- und Acrylmalpapier für Monotypien.
Darauf ergeben sich sehr unruhige Strukturen, die für eine Bildgestaltung nicht verwendbar sind. Werden diese Strukturen aber auf Seide übertragen, so ergeben sich interessante Musterungen.

Das Foto auf Seite 47 zeigt fünf Krawatten, zu deren Grundgestaltung unterschiedliche Monotypien abgebügelt wurden. Anschließend erfolgte eine farblich passende Gestaltung mit Seidenmalfarben.

Alle mit Hilfe der Wachsmalerei entstandenen Bilder, Malkarten und Monotypien lassen sich auch auf Baumwolle abbügeln, was das Anwendungsfeld der Abbügeltechnik noch verbreitert.

Eine Auswahl weiterer Titel mit kreativen Themen aus dem frechverlag:

TOPP 1825

TOPP 1826

TOPP 1952

TOPP 1657

TOPP 1828

TOPP 1775

Bezugsquellen:

Leinenmalpappen, Öl- und Acrylmalpapier erhalten Sie im Hobbyfachhandel oder in Fachgeschäften für Künstlerbedarf.

Kapa, Kapa-fix: Hobbyfachhandel, Werbestudios, Dekobedarf
(Creafix) Auch unter folgender Bezeichnung erhältlich:
Perfect Mount 1,4 mm / 2,3 mm, einseitig klebend
Soft Mount 1,4 mm / 2,3 mm, selbstklebender wattierter Karton
Fram Center 4,8 mm für ungerahmte Bilder, selbstklebend